Les huiles lubrifiantes

Hayfa Hamrouni

Les huiles lubrifiantes

Etude de la viscosité cinématique des huiles lubrifiantes : effet de l'additif améliorant l'indice de viscosité

Éditions universitaires européennes

Impressum / Mentions légales
Bibliografische Information der Deutschen Nationalbibliothek: Die Deutsche Nationalbibliothek verzeichnet diese Publikation in der Deutschen Nationalbibliografie; detaillierte bibliografische Daten sind im Internet über http://dnb.d-nb.de abrufbar.
Alle in diesem Buch genannten Marken und Produktnamen unterliegen warenzeichen-, marken- oder patentrechtlichem Schutz bzw. sind Warenzeichen oder eingetragene Warenzeichen der jeweiligen Inhaber. Die Wiedergabe von Marken, Produktnamen, Gebrauchsnamen, Handelsnamen, Warenbezeichnungen u.s.w. in diesem Werk berechtigt auch ohne besondere Kennzeichnung nicht zu der Annahme, dass solche Namen im Sinne der Warenzeichen- und Markenschutzgesetzgebung als frei zu betrachten wären und daher von jedermann benutzt werden dürften.

Information bibliographique publiée par la Deutsche Nationalbibliothek: La Deutsche Nationalbibliothek inscrit cette publication à la Deutsche Nationalbibliografie; des données bibliographiques détaillées sont disponibles sur internet à l'adresse http://dnb.d-nb.de.
Toutes marques et noms de produits mentionnés dans ce livre demeurent sous la protection des marques, des marques déposées et des brevets, et sont des marques ou des marques déposées de leurs détenteurs respectifs. L'utilisation des marques, noms de produits, noms communs, noms commerciaux, descriptions de produits, etc, même sans qu'ils soient mentionnés de façon particulière dans ce livre ne signifie en aucune façon que ces noms peuvent être utilisés sans restriction à l'égard de la législation pour la protection des marques et des marques déposées et pourraient donc être utilisés par quiconque.

Coverbild / Photo de couverture: www.ingimage.com

Verlag / Editeur:
Éditions universitaires européennes
ist ein Imprint der / est une marque déposée de
OmniScriptum GmbH & Co. KG
Heinrich-Böcking-Str. 6-8, 66121 Saarbrücken, Deutschland / Allemagne
Email: info@editions-ue.com

Herstellung: siehe letzte Seite /
Impression: voir la dernière page
ISBN: 978-613-1-59998-9

Table des matières

3

Liste des figures

Liste des tableaux

5

Liste des abreviations

ASTM : American society for testing and material

API : American Petroleum Institue

cSt : centistoke

CCS : Cold Cranking Simulteur

VI: Viscosity Index

SAE: Society of Automotive Engineers

PE : extrême- pression

PMA : polyméthacrylates

SN600 : huile de base semi-synthétique

SN500 : huile de base semi-synthétique

SN150 : huile de base semi-synthétique

SBS2500 : huile de base semi-synthétique

HITEC5748 : additif améliorant l'indice de viscosité

HITEC5714 : additif abaisseur de point d'écoulement

HITEC8799B : additif dispersent

HITEC8757B : agent complexant utilisé en conjonction avec HiTEC8799B

VE08 : additif améliorant l'indice de viscosité

FA05 : additif anti-mousse

Présentation de la société

La Société Nationale de Distribution des Pétroles (SNDP-AGIL) est une entreprise publique ayant pour mission la commercialisation des produits pétroliers et de leurs dérivés sous le label AGIL.

Elle fait partie des grandes entreprises publiques tunisiennes qui, par leur dynamisme et la diversité de leurs activités, soutient l'économie nationale assure une croissance continue. Avec un chiffre d'affaires HT de 1253 millions de dinars en 2010, AGIL joue un rôle d'avant-garde sur la voie du progrès et de l'excellence dans laquelle s'est engagée la Tunisie de l'ère nouvelle.

En développant ses activités, AGIL a fini par occuper la première place parmi les entreprises du secteur, tant par le volume de ses ventes que par l'importance de son chiffre d'affaires et le savoir faire de ses ressources humaines et s'emploie constamment à consolider cette position en offrant à ses clients la meilleure qualité des produits et des services.

AGIL est présent partout à travers ses 201 stations-service réparties sur tout le territoire tunisien.

Grâce à sa présence sur tout le territoire national à travers ses stations-service, son réseau de clients directs, sa large gamme de produits, ses compétences humaines et ses moyens logistiques et techniques, AGIL lubrifiants couvre aujourd'hui une part importante des besoins du marché national en lubrifiants

.

Introduction générale

Les lubrifiants sont principalement des moyens permettant de lubrifier, refroidir et nettoyer les organes du moteur par la formation d'un film protecteur entre les pièces mobiles pour éviter les frottements entre les métaux.

La fabrication d'une huile lubrifiante est assurée par le pétrolier qui fait le mélange des huiles de base et des additifs en tenant compte de l'incompatibilité des différents produits. Cette opération est généralement longue, elle peut durer deux à trois ans d'études et nécessite une grande expérience et un savoir-faire multidisciplinaire.

Pour améliorer les paramètres d'exploitation des moteurs modernes, il faut utiliser des huiles de haute qualité. La qualité de ces huiles est en fonction des additifs ajoutés permettant l'amélioration de certaines propriétés. L'apport positif de ces additifs n'évite pas certains inconvénients durant l'exploitation. De ce fait, le choix d'un additif et l'optimisation de sa concentration sont deux paramètres déterminants de son utilisation.

Parmi les additifs ajoutés à une huile, on s'intéresse à ceux qui améliorent la viscosité. Dans le présent travail il est question d'optimiser les quantités d'additif améliorant l'indice de viscosité dans certaines huiles commercialisées par la Société Nationale de Distribution des Pétroles.

Ce livre comporte trois chapitres :

- Dans le premier chapitre, nous aborderons les généralités sur les huiles lubrifiantes, leurs principales caractéristiques, leurs rôles. On se focalise sur les additifs améliorant l'indice de viscosité.
- Le matériel et la méthode d'analyse font l'objet du second chapitre.
- Le troisième chapitre est consacré à la présentation des principaux résultats et leurs interprétations.

Chapitre I : Etude bibliographique

I. La lubrification et les huiles lubrifiantes

L'utilisation des lubrifiants dans le domaine de la mécanique est un axe de recherche très intéressant permettant le développement de la qualité des composantes mécaniques.

I.1. La lubrification

La lubrification consiste à interposer entre deux pièces métalliques en contact, un corps gras (Figure I-1). Elle a comme rôle la réduction de force qui s'oppose au déplacement relatif de deux surfaces proches ou en contact. Toute substance disposée entre deux corps, qui réduit l'intensité de l'effort nécessaire pour obtenir le déplacement d'un des corps vis-à-vis de l'autre, sera considérée comme lubrifiant [1,2].

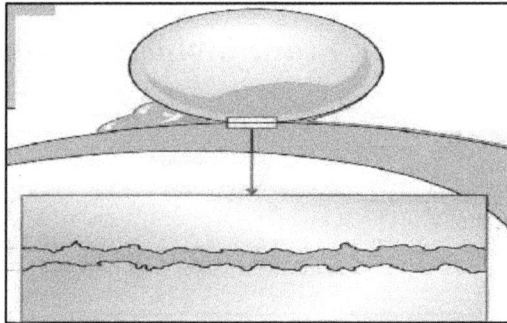

Figure I-1 : Interposition d'un lubrifiant entre deux pièces métalliques.

I.2. Les huiles lubrifiantes

I.2.1. Définition

Un lubrifiant est une matière onctueuse qui a pour but de réduire les frottements entre des pièces en mouvement en vue de faciliter le fonctionnement des machines [3].
Selon leur état physique, les lubrifiants peuvent être classés en trois groupes :

> Les lubrifiants liquides (Figure I-2-a):

　　⹁ Les huiles d'origine végétale et animale (huile de graisse).

　　⹁ Les huiles d'origine minérale (huile de pétrole).

　　⹁ Les huiles synthétiques.

> Les lubrifiants semi-solides ou plastiques telle que les cires, les paraffines et les vaselines (Figure I-2-b).

> Les lubrifiants solides : lamellaires, polymères, métaux mous, sels et oxydes [1].

(a) : Un lubrifiant sous forme liquide　　　(b) : Un lubrifiant sous forme graisse

Figure I-2 : Un lubrifiant sous forme liquide (a) et sous forme de graisse (b).

I.2.2. Propriétés des lubrifiants

Les propriétés se subdivisent en deux :

> Les caractéristiques physico-chimiques.

> Les caractéristiques de performances.

Dans ce présent travail on se limite aux propriétés physico-chimiques telles que la masse volumique, le point d'écoulement, la compressibilité et la viscosité cinématique. Ces propriétés permettent l'identification d'un lubrifiant. Elles sont évaluées par des essais dans les laboratoires.

I.2.2.1. La couleur

La couleur d'une huile est déterminée par une simple comparaison de sa transparence vis-à-vis de celle de verre étalon. La couleur d'une huile de base est d'autant plus claire qu'elle est mieux raffinée. Les additifs assombrissent pratiquement toujours les huiles de base, et même les noircissent complètement (graphite, bisulfure de molybdène). La couleur de l'huile évolue en cours d'utilisation cela est évident pour les huiles moteurs qui deviennent rapidement noires en se chargeant en suies de combustion [4].

I.2.2.2. La densité

La densité d'une huile est le rapport entre la masse d'un certain volume de cette huile à une température donnée généralement 15° C et celle du même volume d'eau à 4° C. Elle est désignée par d $_4^{15}$ [4].

I.2.2.3. La masse volumique

La masse volumique d'un lubrifiant à une température donnée est la masse de l'unité de volume. On la désigne parfois par la masse spécifique.

Les masses volumiques des lubrifiants automobiles, mesurées à 15°C, sont autour de 0,9 Kg/dm^3, quelque soit la nature de l'huile (minérale, semi-synthétique et synthétique). La masse volumique diminue assez sensiblement lorsque la température s'élève [4].

I.2.2.4. Le point d'éclair et le point de feu

Le point d'éclair c'est la température minimale à laquelle les vapeurs émises par une huile, chauffée dans des conditions bien précises et normalisées, brûlent spontanément en présence d'une flamme et s'éteignent aussitôt. Une présence éventuelle d'eau dans l'huile aura une grande influence sur la valeur du point d'éclair [5].

Le point de feu, c'est la température à laquelle les vapeurs émises par une huile, chauffée dans des conditions bien précises et normalisées, s'enflamment en contact d'une flamme et continuent à brûler pendant au moins 5 secondes [5].

I.2.2.5. La température d'auto-inflammation

Le point d'auto-inflammation est la température minimale à laquelle les vapeurs de l'huile en présence d'air s'enflamment sans qu'il y ait une source extérieure d'inflammation. Le point d'inflammation spontanée est supérieur au point d'éclair de centaines de degrés [6].

I.2.2.6. Le point d'écoulement

C'est la plus basse température à laquelle l'huile coule encore lorsqu'elle est refroidie, sans agitation, dans des conditions normalisées. Le point d'écoulement est exprimé en degrés Celsius. Cette caractéristique ne constitue pas un critère pour les huiles des moteurs. Il vaut mieux définir et mesurer la viscosité [4]

I.2.2.7. La viscosité

De toutes les propriétés des huiles, la viscosité est certainement la plus importante. Elle détermine en effet l'essentiel des pertes par frottement et l'épaisseur des films d'huile [7].

La notion de viscosité implique donc celle du mouvement. Il s'agit en terme simplifié de la résistance interne d'un lubrifiant par rapport à son écoulement, à une température donnée [8]

- Viscosité cinématique (**v**) : elle est déduite de la mesure du temps d'écoulement d'un certain volume d'huile dans un tube capillaire. La mesure de la viscosité cinématique des lubrifiants est faite en utilisant un viscosimètre capillaire (Figure I-3) et un chronomètre. L'unité de la viscosité cinématique est le mm^2/s autrefois centistoke (cSt). Les mesures sont généralement effectuées aux températures 40 et 100°C.

15

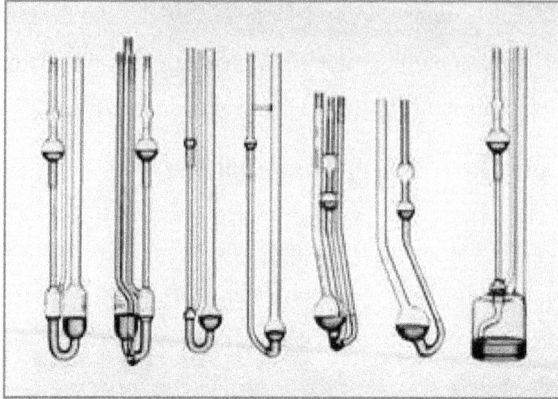

Figure I-3 : Les modèles de tubes viscosimètres.

- Viscosité dynamique (η) : la viscosité dynamique ou absolue utilisée dans les calculs d'épaisseur de film d'huile. Elle s'exprime en Pascal seconde (Pa.s). Les mesures s'effectuent à une température comprise entre -5 et -35°C, en utilisant un simulateur de démarrage à froid « Cold Cranking Simulteur (CCS) ».

La relation qui relie les deux viscosités cinématique et dynamique est la suivante [8] :

$$v = \frac{\eta}{\rho} = k \times t$$

Avec :

v : viscosité cinématique (mm^2/s ou centistoke),

η : viscosité dynamique (Pa. s),

ρ : masse volumique (kg/m^3),

k : constante du tube,

t : temps d'écoulement de l'huile (s).

La viscosité est extrêmement sensible à la température. En effet, aux basses températures, les lubrifiants deviennent de plus en plus visqueux. Par contre cette viscosité décroit très rapidement lorsque la température augmente [9].

I.2.2.8. L'indice de viscosité (VI)

L'indice de viscosité, noté VI, est un nombre conventionnel qui traduit l'importance de la variation de la viscosité avec la température [10].

Il est calculé en comparant la viscosité à 40°C de l'huile à tester à celle de deux huiles étalons prises comme référence. Les deux huiles étalons ont la même viscosité à 100°C que l'huile testée. La première huile de référence est caractérisée par un indice de viscosité égale à 0 à 40°C et la deuxième a un indice de viscosité égale à 100 à 40°C.

D'une manière pratique, suite à l'obtention des valeurs de viscosité cinématiques à 40°C et à 100°C, on calcule l'indice de viscosité. Ce dernier est déterminé par deux méthodes :

➢ Utilisation des tables ASTM [11] :

Pour les huiles ayant un VI < 100 : $VI = \frac{L-U}{L-H} \times 100$

Pour les huiles ayant un VI ≥ 100 : $VI = \frac{10^N - 1}{0,00715} + 100$

Avec

$$N = \frac{\log H - \log U}{\log Y}$$

H : viscosité cinématique à 40°C d'une huile de référence de VI = 100 et de viscosité cinématique à 100°C égale à celle de l'huile testée.

L : viscosité cinématique à 40°C d'une huile de référence de VI = 0 et de viscosité cinématique à 100°C égale à celle de l'huile testée.

Y : viscosité cinématique à 100°C de l'huile testée.

U : viscosité cinématique à 40°C de l'huile testée.

➤ Utilisation des index de viscosité (détermination graphique).

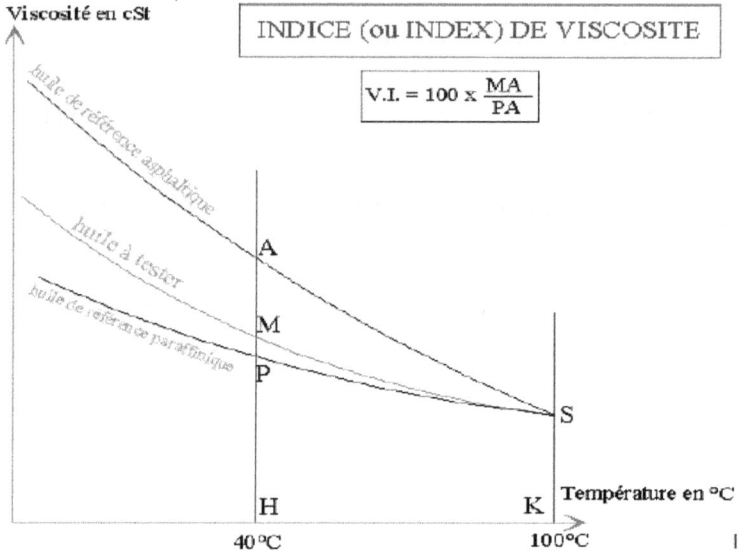

Figure I-4 : Variation de la viscosité cinématique en fonction de la température [8].

I.2.3. Les types de lubrifiants

Selon le domaine d'utilisation on distingue [12] :

➤ Les huiles hydrauliques

➤ Les huiles pour turbines

➤ Les huiles pour compresseurs

➤ Les huiles pour moteur

➤ Les huiles pour engrenages.

➤ Les huiles pour moteur qui sont les plus demandées dans le marché des lubrifiants.

II. Les huiles pour moteurs

Les huiles pour moteurs sont généralement utilisées avec exigence continue de la qualité pour la lubrification des moteurs. Elles sont dérivées du pétrole ou synthétisées. Des additifs techniques sont ajoutés à ces huiles pour apporter certaines propriétés. Il existe des huiles pour moteurs diesel, d'autres pour moteurs à essence, et certaines conviennent pour les moteurs à essence et diesel même si leur formulation a été orientée pour satisfaire l'un ou l'autre des types de moteurs.

II.1. Rôles de l'huile dans le moteur

Si le moteur est le cœur de la voiture, l'huile moteur est alors son sang. Les exigences posées à l'huile sont devenues de plus en plus sévères au fur et à mesure des progrès réalisés par les moteurs.

L'utilisation d'une huile dans le moteur a plusieurs rôles :

➤ Lubrifier et refroidir le moteur.

➤ Avoir une efficacité même à température et pression élevée.

➤ Nettoyer le moteur des résidus de la combustion, des acides, de l'eau et des particules carburants.

➤ Protéger le moteur de la corrosion.

➤ Garantir l'étanchéité du moteur.

II.2. Classifications

Il existe deux principaux critères de classification des huiles pour moteur. Elles peuvent être classées en fonction de [13] :

• La viscosité (SAE)

• La performance (API)

II.2.1. Classification selon la norme SAE (Society of Automotive Engineers)

La norme SAE classe les huiles selon la viscosité, mais elle définit des tranches ou des intervalles continus de viscosité avec un minimum et un maximum.

Les huiles qui répondent aux limites de viscosité d'un grade à froid ou à chaud sont dites « monogrades ». Celles qui satisfont à la fois les limites de viscosité d'un grade à froid et d'un grade à chaud sont dites « multigrades ».

La classification SAE 20, SAE 30... utilise la viscosité des huiles à 100°C et correspond aux huiles monogrades pour les hautes températures.

La classification SAE 0W, SAE 5W... utilise la viscosité des huiles à -18°C et correspond aux huiles monogrades pour les basses températures.

Les huiles multigrades présentent deux viscosités caractéristiques. Une huile SAE10W40 a la même viscosité qu'une huile monograde SAE 40 à 100°C et la même viscosité qu'une huile monograde SAE 10W à -18°C. Ces huiles présentent un meilleur indice de viscosité par rapport les huiles monogrades.

II.2.2. Classification selon la norme API (American Petroleum Institue)

C'est un système évolutif qui classe les huiles en fonction de leurs performances dans les moteurs. Selon cette classification on distingue deux catégories de l'huile pour moteur :

Les huiles pour moteurs à essence qui sont désignées par la première lettre « S » comme « Service» et par une deuxième lettre indiquant l'évolution de la performance chronologique de la classification, exemple : API SL.

Les huiles pour moteurs à diesel sont désignées par la première lettre « C » comme « Commercial ». Comme pour les huiles pour moteurs à essence, la désignation API des huiles diesel est complétée par une deuxième lettre (A, B, ..., H, I...) liée à l'évolution chronologique de la classification. Récemment le chiffre « 2 » destiné pour les huiles pour moteurs Diesel 2 temps et le chiffre « 4 » pour les huiles moteurs diesel 4 temps, exemple : API CF-2, API CH-4.

II.3.Composition des huiles pour moteurs

Les huiles pour moteur se présentent sous forme d'une base, « huile minérale ou huile de synthèse », avec des additifs utilisés pour améliorer les caractéristiques ou adapter l'huile à l'application choisie.

> Huile lubrifiante = huile de base + additifs

II.3.1. Les huiles de base

Les huiles de base pour les lubrifiants peuvent être d'origine minérale «extraites du pétrole » ou synthétique.

II.3.1.1. Les huiles d'origine minérale

Les huiles minérales sont des mélanges d'une multitude de composants dont les majoritaires sont des hydrocarbures [14], mais on trouve aussi de nombreux composants oxygénés, azotés et soufrés [15].

Ces huiles proviennent de la distillation du pétrole brut. Les huiles minérales sont les plus utilisées dans les applications automobiles que les synthétiques [16].

On distingue deux types d'huiles minérales suivant la composition du pétrole brut de départ [17] :

- Les huiles paraffiniques : ce sont des hydrocarbures saturés linéaires ou ramifiés (Figure I-5) caractérisés par une très bonne stabilité à l'oxydation et un indice de viscosité élevé, de l'ordre de 100. Ces huiles de base sont les plus produites dans le monde.

21

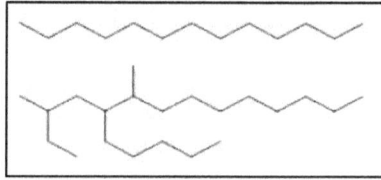

Figure I-5 : Structure générale de huile parrafinique

• Les huiles naphténiques : sont des hydrocarbures saturés cycliques (Figure I-6) et souvent ramifiés. Elles sont moins stables à l'oxydation que les précédentes et possèdent des indices de viscosité faibles (0 à 60).

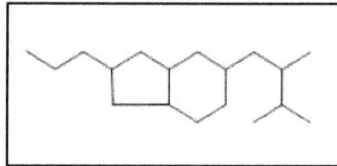

Figure I-6 : Structure générale d'une huile naphténique.

II.3.1.2. Les huiles d'origine synthétique

Elles peuvent aussi être désignées « bases synthétiques », synthétisées pour la première fois par des scientifiques allemands en 1930 pour les besoins de l'armée [18]. Elles restent fluides à des températures inférieures à 0°C alors que les huiles minérales peuvent se solidifier. Elles sont obtenues par synthèse chimique (polymérisation, l'alkylation et l'estérification) à partir des esters et des hydrocarbures. Les huiles synthétiques offrent un indice de viscosité plus élevé et une meilleure résistance à l'oxydation. Elles peuvent être utilisées pour une durée deux à trois fois supérieure que l'utilisation des huiles minérales [18].

II.3.2.2. Les huiles de semi-synthèse

Les huiles de semi-synthèse s'obtiennent à partir d'un mélange d'huiles minérales et d'huiles de synthèse. Généralement le pourcentage des huiles minérales est de 70 à 80% [19].

II.3.2. Les additifs

Malgré les progrès continuels du raffinage du pétrole et de la pétrochimie, les huiles de base pures d'origine minérale ou synthétique pure ne possèdent pas toutes les propriétés désirées pour leurs principales applications automobiles et industrielles. C'est une des raisons de l'addition des additifs qui possèdent la particularité de modifier très sensiblement les caractéristiques d'une huile lubrifiante [2]. Les lubrifiants modernes pour moteur peuvent ainsi être constitués de trois à quatre huiles de base différentes, et jusqu'à une quinzaine d'additifs divers.

Ces additifs sont destinés soit à renforcer certaines propriétés intrinsèques des huiles de base (point d'écoulement, indice de viscosité, résistance à l'oxydation, propriétés anti-usures et antifrictions et pouvoir de protection antirouille), soit à apporter des nouveaux propriétés (la détergence, le pouvoir de protection contre la corrosion des métaux non ferreux, et les propriétés extrême-pression).

III. Les différents types des additifs

III.1. Définition des additifs

Ce sont des composés chimiques, de nature organique ou organométallique dont la teneur peut varier de moins de 1 % à plus de 25% par rapport à la composition totale d'une huile lubrifiante [20].

III.2. Additifs antioxydants

L'oxydation des hydrocarbures et autres constituants des lubrifiants est le phénomène qui détermine leur durée de vie, dés que la température d'utilisation dépasse 50 à

60°C en continu sous l'air, le recours à des additifs antioxydants devient indispensable [21].

Les additifs antioxydants appelés aussi inhibiteurs d'oxydation résistent à l'oxydation des huiles et allongent la durée de vie des lubrifiants en ralentissant le processus d'oxydation.

Ce sont des additifs soufrés, phosphorés et thio-phosphorés tels que les dialkyldithiophosphates de zinc.

III.3. Additifs anti-usure

Ces sont des additifs qui luttent contre l'usure adhésive et le grippage des surfaces. Ils agissent en régime de lubrification limite ou mixte en formant avec les surfaces métalliques un film protecteur autolubrifiant, en général par réaction chimique.

III.4. Additifs extrême- pression (PE)

Ces additifs ont pour but de réduire les couples de frottement et par conséquence économiser l'énergie et protéger les surfaces des fortes charges. Les familles les plus répandues sont les dérivés organométalliques du molybdène et certains composés dérivés d'acide gras et des molécules phosphosoufrées.

III.5. Additifs détergents organométalliques

Les additifs détergents assurent un bon état de propreté des pièces. Ils évitent la formation de dépôts ou de vernis sur les parties les plus chaudes du moteur telles que les gorges des pistons. Les composés exerçant une action détergente, à l'intérieur des moteurs, empêchent les résidus charbonneux de combustion ou les composés oxydés, de former des dépôts ou des gommes sur les surfaces métalliques.

III.6. Additifs antirouille

Ces additifs protègent les métaux ferreux (acier et fonte) contre la corrosion par l'action conjuguée de l'eau et de l'oxygène de l'air et parfois d'une atmosphère saline et évitent la formation de rouille [22].

24

III.7. Additifs émulsifiants

L'émulsion est un mélange d'eau et d'huile sous forme de gouttelettes de l'une dans l'autre. La stabilisation de cet état d'émulsion ou d'une microémulsion fait appel à des composés appelés émulsifiants. Ces composés se fixent à l'interface du film séparant les deux phases [22].

III.8. Additifs anti-mousse

Le moussage peut diminuer le pouvoir lubrifiant de l'huile. Pour éviter les inconvénients du moussage, on utilise de très faible quantité d'additifs anti-mousse (quelques mg/kg), souvent à base de polymères silicones ou poly-siloxanes.

III.9. Additifs abaisseurs de point d'écoulement

Le démarrage du moteur est d'autant plus facile que le point d'écoulement de l'huile est bas. Les huiles minérales pures n'ont pas un point d'écoulement bas de façon naturelle. Il faut donc pallier ce défaut par l'ajout d'un additif qui empêche la formation des petits cristaux de paraffine lors de refroidissement de l'huile.

Les polyméthacrylates (PMA) sont les plus utilisés et sont les plus efficaces. Leur teneur varie de 0,1 % à 0,5% selon le point d'écoulement visé et la composition d'huile traité [22].

III.10. Additifs améliorant l'indice de viscosité

Toutes les huiles ont des variations de viscosité en fonction de la température. Quand la température augmente, la viscosité chute et inversement. L'indice de viscosité traduit l'importance de la variation de viscosité en fonction de la température.

Les additifs améliorant l'indice de viscosité (VI), sont des polymères à longues chaines. Introduits à faible concentration dans une base lubrifiante, ils entraînent une augmentation relative de la viscosité plus importante à haute qu'à basse température. Cet effet est l'origine de l'augmentation de l'indice de viscosité du lubrifiant sans modifier défavorablement les autres propriétés essentielles [22].

Le mode d'action de ces produits est schématisé ci-dessus :

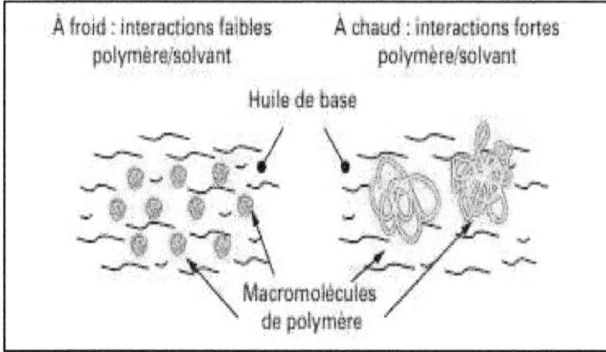

Figure I-7 : Mode d'action des additifs améliorant l'indice de viscosité.

À froid les macromolécules de polymères, peu solubles dans l'huile de base, sont pelotonnées sur elles-mêmes ; leur encombrement stérique est faible, ce qui limite le frottement visqueux entre macromolécules.

À chaud, en revanche, la solubilité des macromolécules dans l'huile de base augmente. Les chaines polymériques se déploient. Les macromolécules « gonflent » et l'écoulement visqueux est ainsi gêné par le frottement entre elles, ce qui se traduit par l'augmentation sensible de la viscosité [22].

Les additifs de VI sont incorporés aux huiles lubrifiantes destinées à fonctionner dans des conditions larges de température. Ils permettent le démarrage aisé des mécanismes à froid en diminuant les pertes par frottement et en améliorant la pompabilité des huiles, tout en assurant une viscosité à chaud suffisante pour prévenir les ruptures de film d'huile. Ils sont généralement commercialisés sous forme diluée dans une huile minérale fluide (SN150 …).

Ces additifs doivent être utilisés avec soin afin d'assurer une adéquate viscosité dans l'intervalle de service prévue pour l'application à laquelle ils sont destinés. A titre d'exemple les poly-méthacrylates (PMA) (Figure I-8) sont utilisés à des teneurs comprises entre 40 et 60%, les copolymères d'oléfines (Figure I-9) sont utilisés entre 10 et 15% de la totalité d'huile.

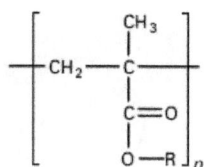

Figure I-8 : Formule chimique de poly-méthacrylate.

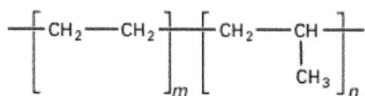

Figure I-9 : Formule chimique de copolymère d'oléfine.

Chapitre II : Matériels et méthode d'analyse

Ce chapitre est consacré à :

- L'identification des huiles utilisées au cours de ce travail.

- La description du protocole expérimental de préparation des échantillons.

- La fixation des conditions opératoires de mesure de la viscosité cinématique.

I. Identification des huiles utilisées

Les huiles qui ont fait l'objet de notre étude sont commercialisées par SNDP-AGIL. Les principales caractéristiques de ces huiles sont portées dans le tableau ci-dessous :

Tableau II-1 : Les huiles utilisées :

Produits	Grade	Type de moteur
API CF4	SAE 15W40	Moteur Diesel
API CH4	SAE 15W40	Moteur Diesel
TANIX Diesel 700	SAE 15W40	Moteur Diesel
TANIX Diesel 1100	SAE 15W40	Moteur Diesel

La préparation de ces huiles est une activité industrielle qui recouvre l'ensemble des savoir-faire au développement et à la fabrication d'un produit commercial caractérisé par sa valeur d'usage et répondant à un cahier de charge. La composante de chaque huile est récapitulée dans le tableau suivant :

Tableau II-2 : Composition des huiles à étudier :

	H1 : API CF4	H2 : API CH4	H3 : TANIX1100	H4 : TANIX700
Huiles de base	SN150 SN600	SN150 SN600	SN150 SBS2500	SN150 SN500
Additifs VI	HiTEC5748	HiTEC5748	VE 08	VE08
Viscosité à 40°C Min-Max	94-114	95-115	–	107
Viscosité à100°C Min-Max	13,4-14,4	13,4-14,4	14 – 15	14-15
Indice de viscosité	130	128	130	130

II. Préparation des huiles à étudier

Dans notre travail la préparation des quatre huiles est effectuée à l'échelle laboratoire (Figure II-1). La masse d'huile à préparer est fixée à 100g. Le matériel utilisé pour la préparation est le suivant :

- Bécher de 500 mL.
- Spatule pour chaque composant ajouté.
- Balance d'une précision de 10^{-3}g.
- Plaque chauffante munie d'un agitateur magnétique.
- Barreau aimanté.

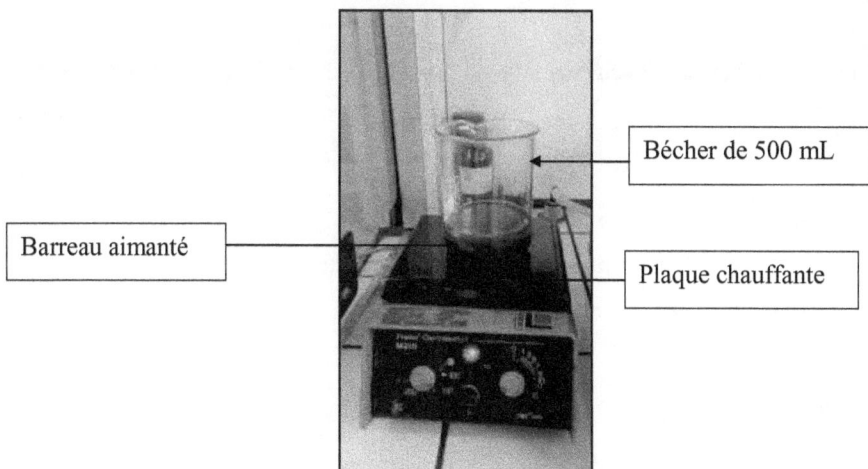

Figure II-1 : Plaque chauffante munie d'un agitateur magnétique.

Le protocole expérimental adopté pour la préparation des huiles consiste à :

> Mettre le bécher sur la balance et la tarer à zéro,

> Ajouter la quantité indiquée de chaque additif (l'ajout se fait dans l'ordre décroissant de viscosité),

> Ajouter ensuite la quantité indiquée de chaque huile de base (aussi dans l'ordre décroissant de viscosité),

> Mettre sous agitation et chauffage (100°C) pendant 30 min, afin d'homogénéiser le mélange et d'éviter le dépôt des additifs au fond du bécher ce qui altère les résultats.

III. Mesure de la viscosité cinématique (ASTM D445)

Cette méthode spécifie une procédure pour la détermination de la viscosité cinématique des produits pétroliers liquides (transparents et opaques), par mesure du temps d'écoulement d'un volume de produit sous l'action de son propre poids à travers un viscosimètre capillaire calibré en verre [23].

La valeur de la viscosité cinématique est exprimée selon la formule suivante :

$$v = k \times t$$

Avec

v : viscosité cinématique exprimée en centistoke (cSt)

t : temps d'écoulement (min)

k : coefficient relatif au capillaire utilisé (cSt/min)

III.1. Matériel utilisé

- Des viscosimètres : Ces viscosimètres en verre capillaires sont utilisés pour la détermination de la viscosité cinématique avec précision. Ils doivent être préalablement étalonnés. Leurs spécifications doivent répondre aux exigences prescrites dans l'ASTM.

- Des supports pour les viscosimètres : ces supports permettent de porter les viscosimètres pour les suspendre verticalement à l'intérieur du bain.

- Un bain à température contrôlée : le liquide utilisé doit être transparent. La profondeur du bain doit être suffisante pour immerger toute la partie du viscosimètre contenant l'échantillon, de façon à ce que cette partie de l'échantillon soit à 20 mm en dessous de la surface du bain ou à 20 mm en dessus du fond de la baignoire.

- Un chronomètre : il doit être capable de prendre des mesures avec une discrimination de 0.1s. Il doit être doté d'une bonne précision pour les intervalles minimums et maximums de mesure du temps d'écoulement.

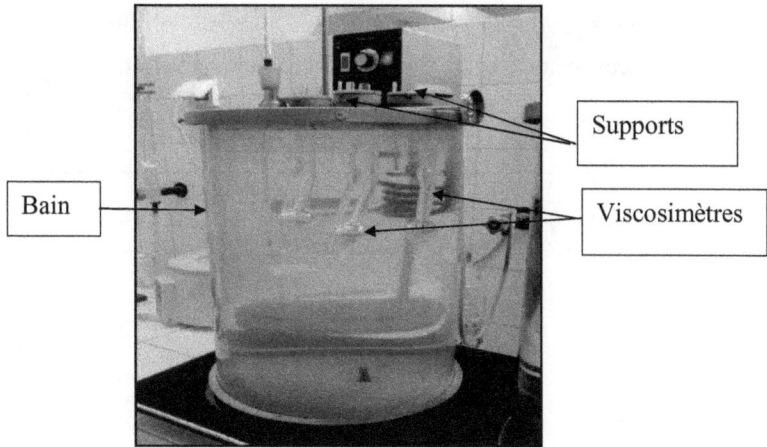

Figure II-2 : Un bain contenant des viscosimètres chargés d'échantillon.

III.2. Mode opératoire

- Fixer la température du bain. Les températures désirées sont 40°C et 100°C.

- Choisir un viscosimètre propre, sec étalonné, et dont on estime un temps d'écoulement d'au moins de 200s pour l'échantillon à analyser (qui possède un capillaire étroit pour les huiles fluides et un capillaire large pour les huiles relativement visqueuses).

- A l'aide d'une pompe à vide charger le viscosimètre avec l'huile.

- Mettre le viscosimètre rempli avec l'échantillon dans le bain chauffé à la température désirée (40°C ou 100°C) et attendre afin que l'huile prenne la température d'équilibre du bain. En générale 30 minutes sont suffisantes.

- Utiliser une poire pour aspirer et faire monter le niveau de l'échantillon au dessus du premier repère.

- En utilisant un chronomètre, mesurer le temps d'écoulement de l'huile, qui se déclenche en passant du premier repère pour atteindre le deuxième. Si le temps d'écoulement est inférieur à 200 s, refaire l'essai en choisissant un capillaire plus étroit.

- En cas d'un échantillon de couleur très sombre (jusqu'au noir), utiliser un viscosimètre avec un capillaire conçu pour cet effet.

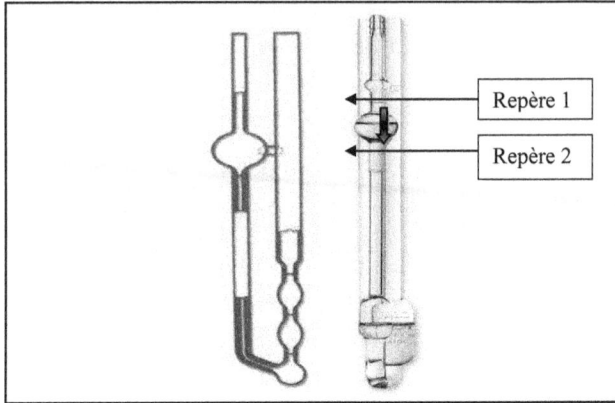

Figure II-3 : Viscosimètre à capillaire pour fluide transparent.

IV. Calcul de l'indice de viscosité (ASTM D2270)

L'indice de viscosité est un nombre empirique qui indique la variation de la viscosité avec la température, il est déterminé à partir des viscosités cinématiques à 40°C et à 100°C.

Il existe deux procédures de calcul de l'indice de viscosité [11] :

- La procédure A pour les huiles ayant un indice de viscosité compris entre 0 et 100

- La procédure B pour les huiles ayant un indice de viscosité supérieur ou égal à 100. Le calcul de l'indice de viscosité est effectué selon la norme ASTM D2270.

Dans notre travail nous avons utilisé la procédure B vu que les huiles ont des indices de viscosité supérieur ou égaux à 100.

Les viscosités cinématiques à 100°C des huiles analysées sont comprises entre 2 et 70 cSt. L'ASTM D2270 nous dispose d'un tableau de valeur à partir duquel nous pouvons déterminer les valeurs de viscosité cinématique à 40°C de l'huile de référence d'indice 100 cSt (H), selon la viscosité trouvée, soit par lecture directe soit par interpolation linéaire.

Une fois les valeurs de H sont trouvées, nous pouvons calculer les indices de viscosité selon les équations suivantes ASTM D2270 :

$$VI = \frac{10^N - 1}{0,00715} + 100$$

Avec

$$N = \frac{\log H - \log U}{\log Y}$$

VI : indice de viscosité.

Y : viscosité cinématique à 100°C de l'huile testée (mm^2/s).

U : viscosité cinématique à 40°C de l'huile testée (mm^2/s).

H : viscosité cinématique à 40°C d'une huile de référence de VI = 100 et de viscosité cinématique à 100°C égale à celle de l'huile testée.

- Exemple de calcul

Tableau II-3 : Exemple de calcul de l'indice de viscosité

Echantillons	Essai 1	Essai 2	Essai 3
U	104	115,4	116,17
Y	13,9	14,5	15,2
H	134	142,4	152,6
N = (log H – log U)/ log Y	0,09629924	0,07861778	0.10267748
VI = ([(anti log N) – 1]/0.00715) + 100	135	128	136

Chapitre III : Résultats et discussions

I. Optimisation de la quantité d'additif améliorant l'indice de viscosité

On vise dans cette partie l'optimisation de la quantité d'additif améliorant l'indice de viscosité de quatre huiles commercialisées par SNDP-AGIL.

L'optimisation consiste à manipuler et varier le pourcentage de l'additif améliorant l'indice de viscosité, ainsi que celui de deux huiles de base, tout en gardant les pourcentages des autres additifs constants. Puisque l'indice de viscosité d'un lubrifiant est le paramètre le plus important, sa mesure nous permet de choisir la formulation adéquate qui conduit à l'huile performante.

Les performances de chaque huile synthétisée sont déterminées en fonction de l'évolution de l'indice de viscosité.

I.1. Optimisation de l'huile 1 : API CF-4

La formulation commerciale adoptée par SNDP-AGIL pour la préparation de l'huile API CF-4 est la suivante :

Tableau III-1 : Composition de l'huile API CF-4 :

Composition	Quantité en %
SN150	56,35
SN600	29
HiTEC5748	7,4
HiTEC8799B	5,55
HiTEC8757B	1,6
HiTEC5714	0,1

Cette huile est constituée d'un mélange de deux huiles de base et des additifs. Le pourcentage massique total d'huile doit être fixé en variant les proportions de l'additif améliorant l'indice de viscosité.

Les pourcentages massiques de chaque constituant de cette huile, en variant le pourcentage massique de l'additif améliorant l'indice de viscosité de - 20% à + 20% par incrément de 5%, sont donnés dans le tableau suivant :

37

Tableau III-2 : Composition de l'huile API CF-4 pour différents pourcentages d'additif améliorant l'indice de viscosité :

		$H_{-20\%}$	$H_{-15\%}$	$H_{-10\%}$	$H_{-5\%}$	H_0	$H_{5\%}$	$H_{10\%}$	$H_{15\%}$	$H_{20\%}$
Huiles	%SN150	52,17	53,68	54,32	55,78	56,35	57,72	59,16	59,74	61,15
de base	%SN600	34,66	32,79	31,78	29,94	29	27,27	25,46	24,51	22,72
	%HiTEC5748	5,92	6,28	6,65	7,03	7,4	7,76	8,13	8,50	8,88
Additifs	%HiTEC8799B	5,55	5,55	5,55	5,55	5,55	5,55	5,55	5,55	5,55
	%HiTEC8757B	1,60	1,60	1,60	1,60	1,60	1,60	1,60	1,60	1,60
	%HiTEC5714	0,10	0,10	0,10	0,10	0,10	0,10	0,10	0,10	0,10

Avec

H_0 : Huile commerciale avant modification

$H_{-x\%}$: Huile avec variation de $-x\%$ en HiTEC5748

$H_{+x\%}$: Huile avec variation de $+x\%$ en HiTEC5748

Les mesures de la viscosité cinématique à deux températures 40°C et 100°C et les valeurs calculées des indices de viscosité de ces échantillons sont récapitulées dans le tableau suivant :

Tableau III-3 : Mesure de la viscosité à 100°C, à 40°C et de l'indice de viscosité d'huile APICF-4 :

	$H_{-20\%}$	$H_{-15\%}$	$H_{-10\%}$	$H_{-5\%}$	H_0	$H_{5\%}$	$H_{10\%}$	$H_{15\%}$	$H_{20\%}$
Viscosité à 100°C (mm²/s)	12,74	12,83	12,9	12,97	13,05	13,14	13,18	13,25	13,33
Viscosité à 40°C (mm²/s)	108,96	106,25	103,54	100,83	98,12	95,41	92,7	9,99	87,28
Indice de viscosité	110	115	120	125	130	136	141	147	154

On constate que l'indice de viscosité est affecté par le pourcentage d'additif formant l'huile. Afin de déterminer le pourcentage optimal conduisant à un indice de viscosité de 130 nous avons porté la variation de la viscosité à 100°C, la variation de la viscosité à 40°C et la variation de l'indice de viscosité en fonction du pourcentage d'additif améliorant l'indice de viscosité (Figure III-1).

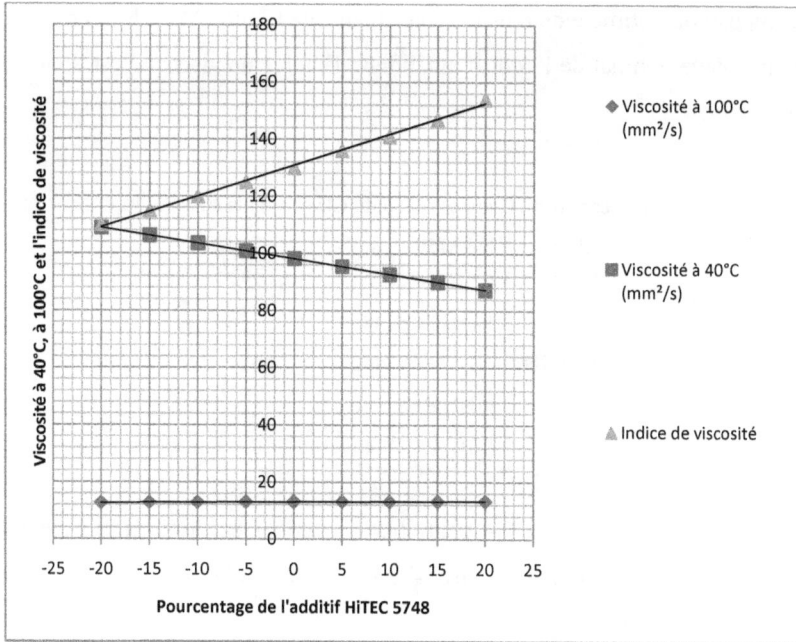

Figure III-1 : Variation de la viscosité cinématique à 40°C, à 100°C et l'indice de viscosité en fonction du pourcentage de l'additif HiTEC5748.

La détermination graphique du pourcentage d'additif pour un indice de viscosité de 130 indique une composition en additif HiTEC5748 de -2,5%.

Les caractéristiques optimales de l'huile optimisée en comparaison avec celle commerciale sont données dans le tableau suivant :

Tableau III-4 : Comparaison entre les caractéristiques de l'huile commerciale et celle de l'huile optimale :

	Huile optimale	Huile commerciale
L'indice de viscosité	130	130
Viscosité à 100°C (mm²/s)	13,40	13,40 – 14,40
Viscosité à 40°C (mm²/s)	99,96	94 – 114

On constate qu'une diminution de – 2,5% d'additif améliorant l'indice de viscosité conduit à une huile qui satisfait les critères d'utilisation de point de vue viscosité.

39

La composition optimale de tous les constituants de l'huile API CF-4, en considérant le pourcentage optimal de l'additif améliorant l'indice de viscosité est donné dans le tableau suivant :

Tableau III-5 : Composition optimale de l'huile API CF-4 :

Huiles de base	%SN150	56,12
	%SN600	29,42
Additifs	%HiTEC5748	7,21
	%HiTEC8799B	5,55
	%HiTEC8757B	1,6
	%HiTEC5714	0,1

En conclusion, l'huile API CF-4 peut être synthétisée en diminuant le pourcentage d'additif améliorant l'indice de viscosité de -2,5% toute en gardant un indice de viscosité de 130.

I.2. Optimisation de l'huile 2 : API CH-4

La formulation adoptée par l'SNDP-AGIL pour la préparation de l'huile API CH-4 est la suivante :

Tableau III-6 : Composition de l'huile API CH-4 :

Composition	Quantité en %
SN150	62,4
SN600	19
HiTEC5748	5 ,3
HiTEC8799B	12,3
HiTEC8757B	0,9
HiTEC5714	0,1

Les pourcentages de chaque constituant des échantillons préparés en variant le pourcentage massique de l'additif améliorant l'indice de viscosité de - 20% à + 20% par incrément de 5%, sont données dans le tableau suivant :

Tableau III-7 : Composition de l'huile API CH-4 pour différents pourcentages d'additif améliorant l'indice de viscosité :

		$H_{-20\%}$	$H_{-15\%}$	$H_{-10\%}$	$H_{-5\%}$	H_0	$H_{5\%}$	$H_{10\%}$	$H_{15\%}$	$H_{20\%}$
Huiles de	%SN150	57,75	58,38	59,83	60,44	62,4	64,9	65,51	66,92	67,5
base	%SN600	24,71	23,82	22,10	21,22	19	16,23	15,36	13,69	12,84
	%HiTEC5748	4,24	4,5	4,77	5,04	5,3	5,57	5,83	6,09	6,36
Additifs	%HiTEC8799B	12,3	12,3	12,3	12,3	12,3	12,3	12,3	12,3	12,3
	%HiTEC8757B	0,9	0,9	0,9	0,9	0,9	0,9	0,9	0,9	0,9
	%HiTEC5714	0,1	0,1	0,1	0,1	0,1	0,1	0,1	0,1	0,1

Avec

H_0 : Huile commerciale avant modification

$H_{-x\%}$: Huile avec variation de $-x\%$ en HiTEC5748

$H_{+x\%}$: Huile avec variation de $+x\%$ en HiTEC5748

Les mesures de la viscosité cinématique à deux températures 40°C et 100°C et les valeurs calculées des indices de viscosité de ces échantillons sont regroupées dans le tableau suivant.

Tableau III-8 : Mesure de la viscosité à 100°C, à 40°C et de l'indice de viscosité d'huile APICH-4 :

	$H_{-20\%}$	$H_{-15\%}$	$H_{-10\%}$	$H_{-5\%}$	H_0	$H_{5\%}$	$H_{10\%}$	$H_{15\%}$	$H_{20\%}$
Viscosité à 100°C (mm²/s)	12,59	12,68	12,75	12,83	12,91	13	13,06	13,15	13,2
Viscosité à 40°C (mm²/s)	92,02	91,96	91,89	91,82	91,75	91,68	91,62	91,55	91,47
Indice de viscosité	133	134	136	137	139	140	141	143	144

Dans le but de déterminer le pourcentage optimal conduisant à un indice de viscosité de 128 nous avons porté la variation de la viscosité à 100°C, la variation de la viscosité à 40°C et la variation de l'indice de viscosité en fonction du pourcentage d'additif améliorant l'indice de viscosité (Figure III-2).

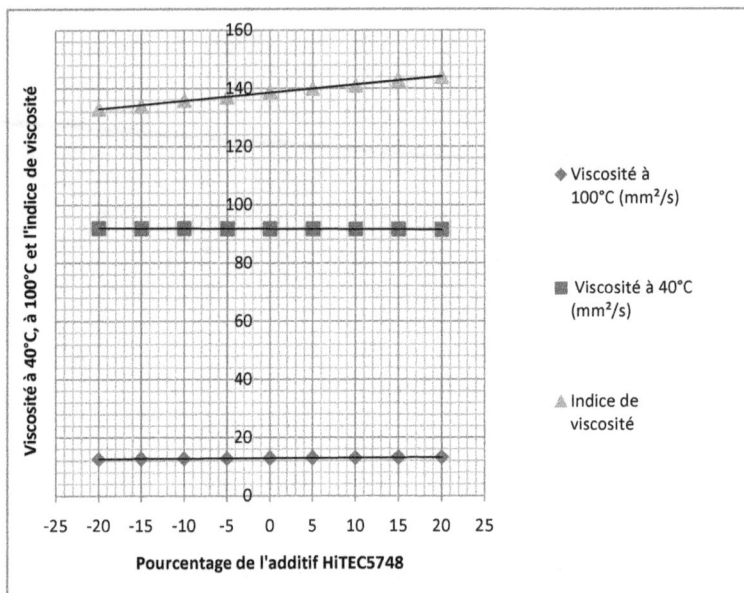

Figure III-2 : Variation de la viscosité cinématique à 40°C, à 100°C et l'indice de viscosité en fonction du pourcentage de l'additif HiTEC5748.

La détermination graphique du pourcentage d'additif pour un indice de viscosité de 128 révèle un pourcentage optimal de -11%. Les coordonnés de ce point en comparaison avec celle commerciale sont données dans le tableau suivant :

Tableau III-9 : Comparaison entre les caractéristiques de l'huile commerciale et celle de l'huile optimale :

	Huile optimale	Huile commerciale
L'indice de viscosité	128	128
Viscosité à 100°C (mm²/s)	13,74	13,40 – 14,40
Viscosité à 40°C (mm²/s)	95,84	95 – 115

42

Les résultats obtenus montrent qu'une diminution de −11% d'additif améliorant l'indice de viscosité conduit à une huile qui répandu aux critères d'utilisation de point de vue viscosité.

La composition optimale de tous les constituants de l'huile API CH-4, en considérant le pourcentage optimal de l'additif améliorant l'indice de viscosité est donné dans le tableau suivant :

Tableau III-10 : Composition optimale de l'huile API CH-4

Huiles de base	% SN150	59,68
	%SN600	22,31
Additifs	%HiTEC5748	4,71
	%HiTEC8799B	12,3
	%HiTEC8757B	0,9
	%HiTEC5714	0,1

I.3. Optimisation de l'huile 3 : TANIX Diesel 1100

La formulation adoptée par l'SNDP-AGIL pour la préparation de l'huile TANIX Diesel 1100 est donnée dans le tableau suivant :

Tableau III-11 : Composition de l'huile TANIX Diesel 1100

Composition	Quantité en %
SN150	73
SBS2500	2,5
VE08	8,00
XRB54	11,80
XBI33	4,5
HV33	0,2
FA05	0,005

Les teneurs des différents constituants des échantillons préparés en variant le pourcentage massique de l'additif améliorant l'indice de viscosité de - 20% à + 20% par incrément de 5%, sont données dans le tableau suivant :

Tableau III-12 : Composition de l'huile TANIX Diesel 1100 pour différents pourcentages d'additif améliorant l'indice de viscosité VE08 :

		H$_{-20\%}$	H$_{-15\%}$	H$_{-10\%}$	H$_{-5\%}$	H$_0$	H$_{5\%}$	H$_{10\%}$	H$_{15\%}$	H$_{20\%}$
Huiles	%SN150	70,17	70,56	70,95	71,32	73,00	73,60	73,96	74,3	73,9
de base	%SBS2500	6,93	6,14	5,35	4,58	2,50	1,50	0,74	0,00	0,00
Additifs	%VE08	6,40	6,80	7,20	7,60	8,00	8,40	8,80	9,20	9,60
	%XRB54	11,80	11,80	11,80	11,80	11,80	11,80	11,80	11,80	11,80
	%XBI33	4,50	4,50	4,50	4,50	4,50	4,50	4,50	4,50	4,50
	% HV33	0,20	0,20	0,20	0,20	0,20	0,20	0,20	0,20	0,20
	%FA05	0,005	0,005	0,005	0,005	0,005	0,005	0,005	0,005	0,005

Après la préparation des échantillons, les mesures de la viscosité cinématique à deux températures 40°C et 100°C et les valeurs calculées des indices de viscosité sont regroupées dans le tableau suivant :

Tableau III-13 : Mesure de la viscosité à 100°C, à 40°C et de l'indice de viscosité d'huile TANIX Diesel 1100 :

	H$_{-20\%}$	H$_{-15\%}$	H$_{-10\%}$	H$_{-5\%}$	H$_0$	H$_{5\%}$	H$_{10\%}$	H$_{15\%}$	H$_{20\%}$
Viscosité à100°C (mm²/s)	13,56	13,8	14	14,2	14,42	14,59	14,83	15,06	15,23
viscosité à 40°C (mm²/s)	103,37	103,95	104,52	105,1	105,68	106,25	106,83	107,6	108,4
Indice de viscosité	130	133	135	137	140	141	144	146	147

De la même manière que les deux autres huiles, on dresse l'évolution de la viscosité à 40°C, à 100°C et l'indice de viscosité en fonction du pourcentage d'additif (Figure III-3).

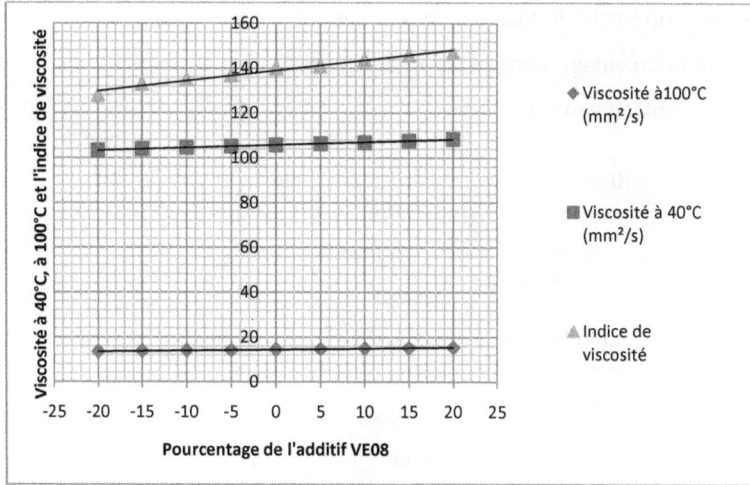

Figure III-3 : Variation de la viscosité cinématique à 40°C, à 100°C et l'indice de viscosité en fonction du pourcentage de l'additif VE08.

L'intersection entre la valeur minimale de l'indice de viscosité (130) et l'axe de l'évolution de pourcentage d'additif indique une valeur optimale de l'additif VE08 de -19,70%.

Les coordonnés de ce point optimale en comparaison avec celle commerciale sont données dans le tableau suivant :

Tableau III-14 : Comparaison entre les caractéristiques de l'huile commerciale et celle de l'huile optimale :

	Huile optimale	Huile commerciale
L'indice de viscosité	130	130
Viscosité à 100°C (mm²/s)	13,58	14 -15
Viscosité à 40°C (mm²/s)	103,32	–

En se basant sur les résultats trouvés, on remarque qu'une diminution de -19,70% d'additif améliorant l'indice de viscosité nous permis d'obtenir une huile conforme aux critères d'utilisation de point de vue viscosité.

La composition optimale de tous les constituants de l'huile TANIX Diesel 1100, en considérant le pourcentage optimal de l'additif améliorant l'indice de viscosité, est donnée dans le tableau suivant :

Tableau III-15 : Composition optimale de l'huile TANIX Diesel 1100

Huiles de base	%SN150	70,16
	%SBS2500	6,92
Additifs	%VE08	6,42
	%XRB54	11,80
	%XBI33	4,5
	% HV33	0,2
	%FA05	0,005

En conclusion, l'huile TANIX Diesel 1100 peut être synthétisée en diminuant le pourcentage d'additif améliorant l'indice de viscosité de - 19,70% toute en gardant un indice de viscosité de 130.

I.4. Optimisation de l'huile 4 : TANIX Diesel 700

La formulation adoptée par l'SNDP-AGIL pour la préparation de l'huile TANIX Diesel 700 est la suivante :

Tableau III-16 : Composition de l'huile TANIX Diesel 700 :

Composition	Quantité en %
SN150	59
SN500	21,895
VE08	9,60
XRB64	9,30
HV33	0,2
FA05	0,005

La composition des différents échantillons préparés en variant le pourcentage massique de l'additif améliorant l'indice de viscosité de - 20% à + 20% par incrément de 5%, est donnée dans le tableau suivant :

Tableau III-17 : Composition de l'huile TANIX Diesel 700 pour différents pourcentages d'additif améliorant l'indice de viscosité VE08

		$H_{-20\%}$	$H_{-15\%}$	$H_{-10\%}$	$H_{-5\%}$	H_0	$H_{5\%}$	$H_{10\%}$	$H_{15\%}$	$H_{20\%}$
Huiles	%SN150	42,11	42,61	43,93	45,21	59	72,87	74,11	75,33	76,54
de base	%SN500	40,72	39,74	37,94	35,16	21,9	7,55	5,83	4,13	2,45
	%VE08	7,67	8,15	8,63	9,13	9,6	10,08	10,56	11,04	11,51
Additifs	%XRB64	9,30	9,30	9,30	9,30	9,30	9,30	9,30	9,30	9,30
	% HV33	0,20	0,20	0,20	0,20	0,20	0,20	0,20	0,20	0,20
	%FA05	0,005	0,005	0,005	0,005	0,005	0,005	0,005	0,005	0,005

Les mesures de la viscosité cinématique à deux températures 40°C et 100°C et les valeurs calculées des indices de viscosité de ces échantillons sont récapitulées dans le tableau suivant :

Tableau III-18 : Mesure de la viscosité à 100°C, à 40°C et de l'indice de viscosité d'huile TANIX Diesel 700 :

	$H_{-20\%}$	$H_{-15\%}$	$H_{-10\%}$	$H_{-5\%}$	H_0	$H_{5\%}$	$H_{10\%}$	$H_{15\%}$	$H_{20\%}$
Viscosité à 100°C (mm^2/s)	14,5	14,62	14,79	14,91	15,07	15,2	15,37	15,5	15,65
Viscosité à 40°C (mm^2/s)	115,4	115,56	115,71	115,86	116,02	116,17	116,3	116,48	116,63
Indice de viscosité	128	129	131	133	135	136	138	140	142

En vue de déterminer le pourcentage optimal conduisant à un indice de viscosité de 130 on trace la variation de la viscosité à 40°C, à 100°C et la variation de l'indice de viscosité en fonction du pourcentage d'additif améliorant l'indice de viscosité (Figure III-4).

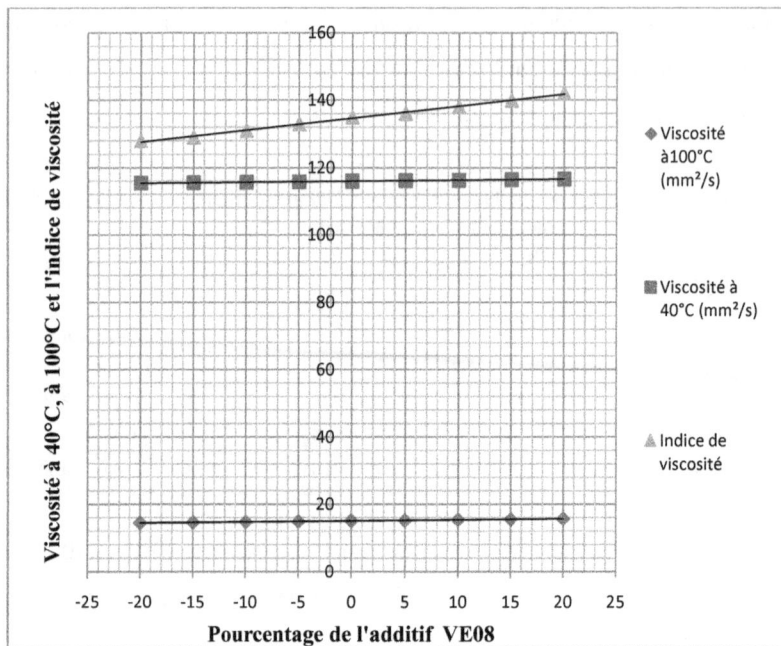

Figure III-4 : Variation de la viscosité cinématique à 40°C, à 100°C et l'indice de viscosité en fonction du pourcentage de l'additif VE08.

La détermination graphique du pourcentage d'additif pour un indice de viscosité de 130 indique une composition en additif VE08 de -13,22%.

Les coordonnés de ce point optimale en comparaison avec celle commerciale sont données dans le tableau suivant :

Tableau III-19 : Comparaison entre les caractéristiques de l'huile commerciale et celle de l'huile optimale

	Huile optimale	Huile commerciale
L'indice de viscosité	130	130
Viscosité à 100°C (mm²/s)	14.68	14 – 15
Viscosité à 40°C (mm²/s)	115.60	107

On constate qu'une diminution de –13,22% d'additif améliorant l'indice de viscosité conduit à une huile qui satisfait les critères d'utilisation de point de vue viscosité.

La composition optimale de tous les constituants de l'huile TANIX Diesel 700, en considérant le pourcentage optimal de l'additif améliorant l'indice de viscosité est donné dans le tableau suivant :

Tableau III-20 : Composition optimale de l'huile TANIX Diesel 700 :

Huiles de base	%SN150	43,10
	%SN500	39,07
Additifs	%VE08	8,33
	%XRB64	9,30
	%HV33	0,2
	%FA05	0,005

Dans cette partie on a pu optimiser la quantité d'additif améliorant l'indice de viscosité de quatre huiles, les résultats trouvés sont résumés dans le tableau suivant :

Tableau III-21 : Composition optimale des quatre huiles étudiées :

Huile 1 : API CF-4		Huile2 : API CH-4		Huile 3 : TANIX Diesel 1100		Huile 4 : TANIX Diesel 700	
%SN150	56,12	% SN150	59,68	%SN150	70,16	% SN150	43,10
%SN600	29,42	%SN600	22,31	%SBS2500	6,92	%SN500	39,07
%HiTEC5748	7,21	%HiTEC5748	4,71	%VE08	6,42	%VE08	8,33
%HiTEC8799B	5,55	%HiTEC8799B	12,3	%XRB54	11,80	%XRB64	9,30
%HiTEC8757B	1,6	%HiTEC8757B	0,9	%XBI33	4,5	%HV33	0,2
%HiTEC5714	0,1	%HiTEC5714	0,1	% HV33	0,2	%FA05	0,005

On constate que quelque soit l'huile optimisée, une diminution de l'additif améliorant l'indice de viscosité, pour des teneurs bien déterminées, aboutit à un indice de viscosité spécifique. La diminution de la quantité d'additif varie d'une huile à une autre. Cette diminution varie de -2,5% à -20% en fonction l'huile traitée et de type de l'additif améliorant l'indice de viscosité.

II. Etude de l'effet de la substitution de l'additif améliorant l'indice de viscosité pour une huile TANIX Diesel 1100

Dans cette partie on s'intéresse à l'huile TANIX Diesel 1100, l'additif améliorant l'indice de viscosité utilisé pour cette huile est le VE08. On propose de garder tous les constituants de cette huile constants, en changeant l'additif améliorant l'indice de viscosité, ainsi que son pourcentage massique par rapport à la totalité de l'huile.

L'additif de substitution est le HiTEC5748. De la même manière qu'en présence de VE08 on fait varier le pourcentage massique de l'additif HiTE5748 de -20% à +20% par incrément de 5%. Les pourcentages massiques de chaque constituant sont récapitulés dans le tableau suivant :

Tableau III-22 : Pourcentages massiques des constituants de TANIX Diesel 1100 en substituant le VE08 par le HiTEC5748 :

		$H_{-20\%}$	$H_{-15\%}$	$H_{-10\%}$	$H_{-5\%}$	H_0	$H_{5\%}$	$H_{10\%}$	$H_{15\%}$	$H_{20\%}$
Huiles de base	%SN150	70,17	70,56	70,95	71,32	73,00	73,60	73,96	74,3	73,9
	%SBS2500	6,93	6,14	5,35	4,58	2,50	1,50	0,74	0,00	0
Additifs	%HiTEC5748	6,40	6,80	7,20	7,60	8,00	8,40	8,80	9,20	9,60
	%XRB54	11,80	11,80	11,80	11,80	11,80	11,8	11,80	11,80	11,80
	%XBI33	4,50	4,50	4,50	4,50	4,50	4,50	4,50	4,50	4,50
	% HV33	0,20	0,20	0,20	0,20	0,20	0,20	0,20	0,20	0,20
	%FA05	0,005	0,005	0,005	0,005	0,005	0,005	0,005	0,005	0,005

Les mesures de viscosité cinématique à 100°C et à 40°C, ainsi que le calcul de l'indice de viscosité de ces échantillons sont données dans le tableau suivant :

Tableau III-23 : Viscosité à 100°C, viscosité à 40°C et l'indice de viscosité de l'huile TANIX 1100 avec l'additif HiTEC5748 :

	$H_{-20\%}$	$H_{-15\%}$	$H_{-10\%}$	$H_{-5\%}$	H_0	$H_{5\%}$	$H_{10\%}$	$H_{15\%}$	$H_{20\%}$
Viscosité à 100°C (mm²/s)	14,38	14,5	14,7	14,87	15,07	15,23	15,42	15,53	15,7
Viscosité à 40°C (mm²/s)	103,98	108,3	116,4	127,71	140,55	144,33	155,2	164,2	176,62
Indice de viscosité	132	137	129	119	115	107	101	96	90

L'évolution de la viscosité à deux températures 40°C et 100°C en fonction de type de l'additif améliorant l'indice de viscosité pour différents pourcentage massique est présentée dans la figure III-5 :

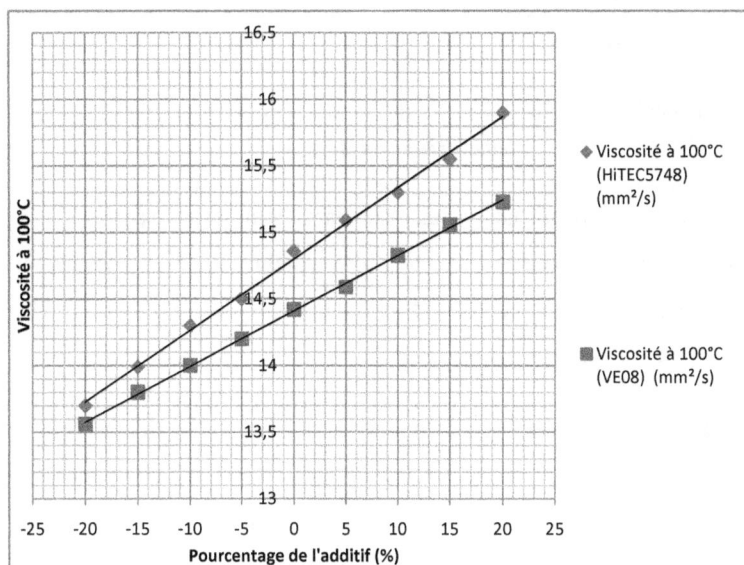

Figure III-5 : Evolution de la viscosité à 100°C de l'huile TANIX 1100 en utilisant deux additifs pour différents pourcentages massiques

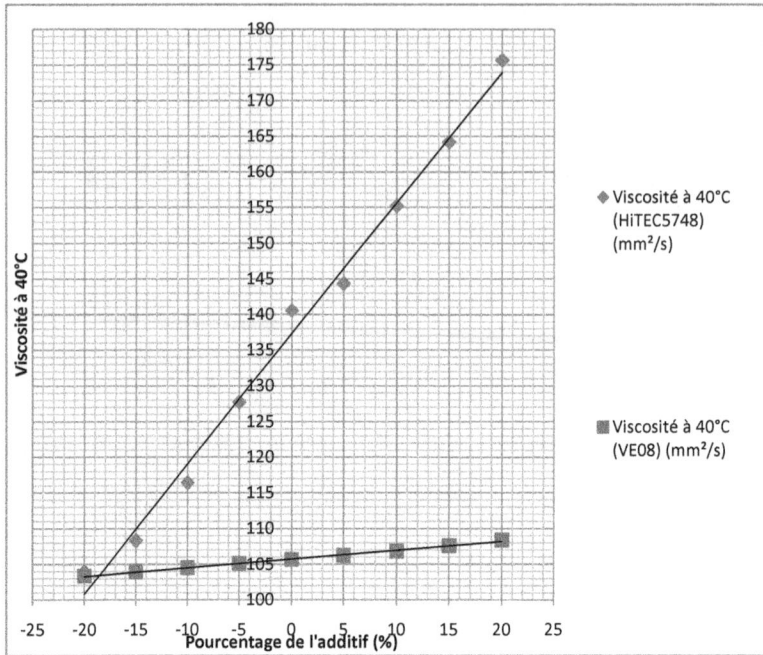

Figure III-6 : Evolution de la viscosité à 40°C de l'huile TANIX 1100 en utilisant deux additifs
pour différents pourcentage.

A partir de ces courbes on constate qu'en changeant l'additif de viscosité VE08 par le
HiTEC5748 et pour un pourcentage de -20% conduit à des viscosités presque
identique, au-delà de ce pourcentage le remplacement de VE08 par HiTEC5748
diminue les valeurs de viscosité ce qui altère la qualité de l'huile.

L'évolution de l'indice de viscosité en remplaçant VE08 par le HiTEC5748 (Figure
III-7) corrobore les résultats trouvés précédemment. On constate que pour un taux de
substitution de -20% l'indice de viscosité satisfait la valeur recherchée qui est de 130.

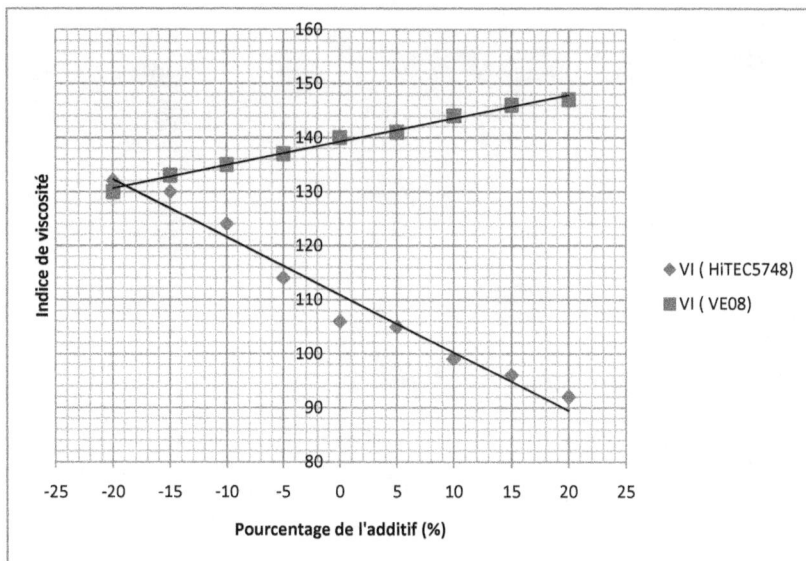

Figure III-7 : Variation de l'indice de viscosité de l'huile TANIX 1100 en utilisant deux additifs pour différents pourcentages.

Au-delà de ce pourcentage massique d'additif, l'indice de viscosité chute jusqu'à une valeur de 92 pour un pourcentage de +20% d'additif.

En conclusion, l'additif HiTEC5748 peut remplacer VE08 dans la composition de l'huile TANIX Diesel 1100 mais avec un pourcentage de -20% par rapport au pourcentage commercial afin de garder un indice de viscosité spécifique.

Conclusion

Conclusion

La fabrication des huiles était l'un de nos préoccupations au cours de ce travail afin d'obtenir la meilleure formulation qui conduit à l'huile performante, en faisant varier les concentrations de l'additif améliorant l'indice de viscosité dans les huiles utilisées.

L'optimisation de la quantité d'additif améliorant l'indice de viscosité nous a permis de déduire que quelque soit l'huile qui fait l'objet de notre étude, une diminution quantitative de cet additif conserve les caractéristiques de viscosité. Cette diminution dépend de l'huile choisie ainsi de la nature de l'additif améliorant l'indice de viscosité. Elle varie de -2.5% jusqu'a -20% par rapport à la masse totale de l'huile de moteur.

L'huile TANIX Diesel 1100 a été traitée en substituant l'additif améliorant l'indice de viscosité VE08 par le HiTEC5748. Les pourcentages de l'additif remplacé varient de -20% à +20% par rapport à la totalité de la masse préparée. Seulement une teneur de -20% permet de garder la valeur recherchée de l'indice de viscosité. Au-delà de ce rapport les caractéristiques désirées de l'huile, principalement l'indice de viscosité, ne sont pas en accord avec les normes d'utilisation.

Références bibliographiques

[1]. **AYEL, Jean.** *lubrifiants-généralités-technique de l'ingénieur,traité Génie mécanique B5339.* .

[2]. **Ligier, Jean-Louis.** *Lubrification des paliers moteurs.* s.l. : OPHRYS.

[3]. **NOVAK, Marie Hélène.** *lubrifiants d'origine végétale.*

[4]. **AYEL, Jean.** *lubrifiants- propriétés et caractéristiques-technique de l'ingénieur traité,Genie mécanique B5340.*

[5]. **Jacques Denis, Jean Briant et Jean-Claude Hipeaux.** *Physico-chimie des lubrifiants.*

[6]. **V, Proskouriakov et A.Drabkine.** *La Chimie du pétrole et du gaz.* 1983.

[7]. **Jean Ayel et Maurice Born.** *Lubrifiants et fluides pour l'automobile.* 1998.

[8]. **Jean Briant, Jean Denis et Guy Parc.** *Propriétés rhéologiques des lubrifiants.* s.l. : TECHNIP.

[9]. **DALLEMAGNE, Gérard.** *fluides hydrauliques, facteurs d'influence technique de l'ingénieur BM6012.*

[10]. **BERNARD J.HAMROCK, STEVEN R. SCHMID ET BO O.JACOBSON.** *fundamentals of fluid film lubrication.*

[11]. *ASTM D2270 : Standard Practice for Calculating Viscosity Index from Kinematic Viscosity at 40°C and 100°C, ANNUAL BOOK OF ASTM STANDARS 2010 SECTION FIVE PETROLIUM PRODUCTS LUBRICANTS AND FOSSIL FUELS (1), (2004), pp: 840- 845.*

[12]. **A.SCHILLING.** *Les lubrifiants industriels ; classification des lubrifiants industriel .* Paris : TECHNIP, 30-31 janvier 1974.

[13]. **AYEL, Jean.** *Lubrifiants pour moteurs thermiques- Normes générales-technique de l'ingénieur BM 2 750.*

[14]. *Anonyme les lubrifiants synthétiques-évolution de la lubrification :5-10.* s.l. : Pet TECH, 1992.

[15]. *Chemistryand technology of lubrificants* . **Mortier.R.M.** 1993.

[16]. **Cizaire, Linda.** *« lubrification limite par les nanoparticules », thèse doctorat en génie des matériaux, école central de LYON.* 2003.

[17]. **AYEL, Jean.** *lubrifiants-constitution-technique de l'ingénieur-traité Genie mécanique BM5341.*

[18]. **GUNDERSORN.C, HARTA.W.** *synthetic lubricants* . New York : s.n., 1962.

[19]. **Mahan, B.H.** *chimie* . Paris : inter edition, 1977.

[20]. **A.SCHILLING.** *les huiles pour moteurs et le graissage des moteurs.* s.l. : Technip, 1975.

[21]. **AYEL, Jean.** *Lubrifiants-additifs à action chimique-technique de l'ingénieur,traité Génie mécanique BM5343.*

[22]. **AYEL, Jean.** *lubrifiants-additifs à action physique ou physiologique-technique de l'ingénieur,traité Genie mécanique BM5344.*

[23]. *ASTM D445 : Standard Test Method for Kinematic Viscosity of Transparent and opaque liquids, ANNUAL BOOK OF ASTM STANDARS 2010 SECTION FIVE PETROLIUM PRODUCTS LUBRICANTS AND FOSSIL FUELS (1), (2009), pp: 202-211.*